新时代乡村振兴丛书

郝东川◎主编

水稻

病虫害诊断与防治技术

SPM 南方传媒
广东科技出版社
全国优秀出版社
·广州·

图书在版编目（CIP）数据

水稻病虫害诊断与防治技术/郝东川主编.-- 广州：广东科技出版社，2024. 11. --（新时代乡村振兴丛书）.

ISBN 978-7-5359-8382-4

Ⅰ. S435.11

中国国家版本馆CIP数据核字第20242N9X61号

水稻病虫害诊断与防治技术

Shuidao Bingchonghai Zhenduan yu Fangzhi Jishu

出 版 人：严奉强

责任编辑：尉义明

装帧设计：柳国雄

责任校对：邵凌霞

责任印制：彭海波

出版发行：广东科技出版社

（广州市环市东路水荫路11号　邮政编码：510075）

销售热线：020-37607413

https://www.gdstp.com.cn

E-mail：gdkjbw@nfcb.com.cn

经　　销：广东新华发行集团股份有限公司

排　　版：创溢文化

印　　刷：广州市东盛彩印有限公司

（广州市增城区新塘镇上邵村第四社企岗厂房A1　邮政编码：510700）

规　　格：889 mm × 1 194 mm　1/32　印张3　字数100千

版　　次：2024年11月第1版

2024年11月第1次印刷

定　　价：20.00元

《水稻病虫害诊断与防治技术》
编委会

总策划：李湘妮

主　编：郝东川

副主编：冯伟明　吴颖仪　田瑞钧

参　编：（按姓氏音序排列）

陈育民　何志劲　赖明建　黎　昆

李坤珺　李颖仪　梁　彪　温华良

吴绮嫚　吴拥军　曾恺莹　张会曦

张均功　章乐康

前　言

Qianyan

水稻是我国重要的粮食作物之一，每年种植面积约3 000万hm^2，约占全国粮食种植面积的1/3，产量约占全国粮食总产量的35%。其中，广东省是我国重要的水稻产区，每年种植面积超189万hm^2，产量超1 100万t。水稻的安全生产对保障国家粮食安全和主要农产品的有效供给发挥着举足轻重的作用。

目前，广东省水稻常发病虫草害有稻瘟病、水稻纹枯病、稻纵卷叶螟、稻飞虱、钻蛀性螟虫（以二化螟和大螟为主）、稗草、千金子、莎草等。

近年来，由于水稻栽培制度变革、品种布局变迁、气候异常变化、农药品种更新及农户用药习惯和施药器械升级改变等多种因素，广东省乃至全国水稻病虫害发生了较大变化，过去一些零星发生的病虫害成为常发病虫害，一些次要的病虫害上升为主要病虫害，且发生面积大、发生频率高、危害损失相当严重。广东省水稻病虫害发生程度呈上升趋势的有细菌性病害（水稻白叶枯病、水稻细菌性条斑病）、水稻橙叶病、南方水稻黑条矮缩病、大螟、二化螟、稻纵卷叶螟、稻飞虱、跗线螨、稻粉虱等，需要引起各级农业部门和农业从业者的重视。

我们深知，面对复杂多变的病虫害问题，单一的防治手段往往难以奏效。因此，本书强调综合防治策略的重要性，鼓励读者采用多种防治手段相结合的方式，以期达到最佳的防治效果。同时，我们也提倡绿色植保理念，倡导在确保水稻生产安全的同时，保护生态环境，促进农业可持续发展。本书作为“新时代乡村振兴丛书”之一，用规范、通俗、易懂的方式，将相关产业中的创新实用技术、经验方法呈现给读者。

水稻病虫害的监测与防控，是水稻生产上面临的长期重大问题，需要各级政府、农业行政部门高度重视，组织广大农民实施科学防控。本书以期为广大植保工作者和种植户开展水稻病虫害的监测和防治提供参考和借鉴。

由于编者实践经验和技术水平有限，难免有不妥和疏漏之处，恳请批评指正。

编　者

2024年7月

目　录

Mulu

一、水稻病害

1. 稻瘟病

稻瘟病，真菌性病害，是水稻重要的病害之一，在水稻各个生育期和各个部位均可发生。主要为害叶片（图1-1）、茎秆、穗部，根据为害部位不同，稻瘟病分为苗瘟、叶瘟、节瘟、穗颈瘟、谷粒瘟。

图1-1　稻瘟病病斑中央灰白色

【为害症状】

急性型：发病部位呈暗绿水渍状，近圆形或不规则形，正反两面都能产生大量灰色霉层（图1-2）。

慢性型：叶片呈梭形病斑，外缘淡黄色晕圈，病斑中间灰白色，病斑两端中央的叶脉有褐色长条坏死线。天气潮湿时，病斑背面有灰白色霉层（图1-3）。

图1-2　急性型病斑，初期绿色水渍状，后期坏死

图1-3　慢性型病斑，叶脉有坏死线

穗颈瘟：主要发生在主穗梗至第一枝梗分枝的穗颈。初期呈水渍状病斑，发病早的会导致白穗（图1-4）。

图1-4　穗颈瘟

【防治策略】

坚持“预防为主、综合防治”的植保方针。

【农业防治】

（1）选用抗病品种，水稻品种多样性混合间栽，合理布局，实行多资源品种分布。

（2）历史病区及时清除田间病草、病谷，减少稻瘟病菌越冬场所。

（3）加强栽培和水肥管理，施足基肥，早施追肥，中后期看苗施肥。氮肥施用过多或过迟，会导致水稻植株疯长，植株间通风不良，利于病菌侵入繁殖。水分管理上做到浅水灌溉，适时晒田。

【化学防治】

（1）防治要点：及时喷药，抑制发病中心，早抓叶瘟，狠治穗瘟，在破口前7天左右、齐穗期各喷药一次。

（2）防治药剂：每亩选用75%三环唑可湿性粉剂25～30 g、40%稻瘟灵乳油100～120 mL、250 g/L吡唑醚菌酯乳油24 mL、

2%春雷霉素水剂80～100 mL、25%嘧菌酯悬浮剂30 mL或75%肟菌·戊唑醇水分散粒剂15 g对水45 kg喷雾。

（3）注意事项：药液要足，最好在晴天傍晚施药，遇雨要及时补施。

2. 水稻纹枯病

水稻纹枯病，又称水稻云纹病，与稻瘟病、水稻白叶枯病构成水稻三大病害。水稻纹枯病是真菌性病害，高温、高湿条件下发生普遍，在水稻整个生育期都可发生为害，以分蘖盛期、抽穗期发病为盛。

【为害症状】

水稻纹枯病一般表现为叶鞘染病，染病时在近水面处有暗绿色水渍状边缘模糊小斑，后慢慢扩大成椭圆形或云形，中部呈灰绿色或灰褐色，湿度低时呈淡黄色或灰白色（图1–5、图1–6）。湿度大时，病部长出白色网状菌丝，后形成深褐色菌核；高温条件下病斑上会产生一层白色粉霉层，即病菌的担子和担孢子。

图1–5　水稻纹枯病田间症状

图1-6　水稻纹枯病叶鞘云状病斑

【防治策略】

坚持“预防为主、综合防治”的绿色植保防控方针，抓住初发病期关键环节，及时做好施药预防保护措施，有效控制病害的发生流行和危害。

【农业防治】

（1）选用抗病品种，水稻品种多样性混合间栽，合理布局。

（2）水稻纹枯病为土传病害，田间越冬菌核残留量的多少与稻田初期发病轻重有关，须及时清除田间病草、病谷，减少水稻纹枯病菌越冬场所。

（3）加强栽培和水肥管理，施足基肥，早施追肥，中后期看苗施肥，管理上忌偏施、迟施过量氮肥，注意氮磷钾的配合使用，使水稻前期不披叶，中期不徒长，后期不贪青。水分管理上做到“前浅、中晒、后湿润”，湿润灌溉和适合晒田，降低田间相对湿度。

【化学防治】

（1）防治指标：水稻分蘖期病丛率达5%或者拔节孕穗期病丛率达10%～15%的田块需及时用药防治。

（2）防治药剂：每亩选用24%噻呋酰胺悬浮剂15～20 mL、30%苯甲·丙环唑乳油15～20 mL、20%井冈霉素可湿性粉剂

45～60 g或250 g/L吡唑醚菌酯乳油24 mL对水45 kg喷雾。

（3）注意事项：药液要足，最好在晴天傍晚施药，遇雨要及时补施。

3. 穗腐病

穗腐病是水稻抽穗扬花期至成熟期发生的一种穗部病害。扬花期遇阴雨天气发病重，穗直立紧凑型品种较穗松散品种感病，粳稻或籼粳杂交稻较常规籼稻和籼型杂交稻感病。

【为害症状】

侵染小穗和整个稻穗，整穗或部分谷粒变黑。发病初期，上部小穗颖壳尖端或侧面产生椭圆形小斑点，后逐渐扩大至谷粒大部或全部。病斑初期为铁锈红色，逐渐变为黄褐色、褐色，水稻成熟时变为褐色或黑褐色。局部病穗有白色或粉红色的霉层，为病原菌层出镰孢菌的分生孢子（图1-7）。

图1-7　病穗变褐

【农业防治】

（1）防治上要优先选择抗病品种，淘汰感病品种。生产上建议选择散穗型（稻穗抽出后很快散开）、抽穗扬花期短的品种。

（2）种子处理，清除种子上的病菌，减少初侵染源，如用多菌灵、三唑酮、高锰酸钾等杀菌剂浸种。

（3）加强栽培和水肥管理，氮、磷、钾要平衡施用，施足基肥，适时施用追肥，酌情施用穗肥，增施有机肥。在水分的管理上做到“寸水活棵、中期浅水勤灌、后期干湿交替”，不宜长期深水漫灌。

【化学防治】

（1）防治穗腐病最佳施药时期是在水稻始穗前5～7天及破口期至齐穗期各打一次药。

（2）防治药剂：每亩选用24%噻呋酰胺悬浮剂15～20 mL、30%苯甲·丙环唑乳油15～20 mL、20%井冈霉素可湿性粉剂45～60 g或250 g/L吡唑醚菌酯乳油24 mL对水45 kg喷雾。

（3）遇连续阴雨天需在雨前或阴雨间隙施药并加大剂量。

4. 稻曲病

稻曲病，俗称黑穗病，依靠种子带菌传播，在矮秆紧凑型水稻品种上易发。稻曲病主要发生在水稻抽穗扬花期，稻穗发病后，空瘪粒显著增加，可减产5%～10%，影响稻米品质。

【为害症状】

主要为害谷粒，受害谷粒内部形成菌丝膨大，内外颖两侧有黑绿色物质包裹（图1–8、图1–9）。

图1-8　稻曲病症状

图1-9　患稻曲病谷粒变黑，有霉状物

【农业防治】

（1）选用抗病品种，消灭初侵染源。淘汰感病品种，发病时及时剔除病粒，避免病田留种。

（2）科学管理水肥。施足基肥，早施追肥，慎用穗肥。氮磷钾合理搭配，增强植株抗病能力。

【化学防治】

（1）防治适期：在枕叶期及破口期用药防治。

（2）防治药剂：每亩可选用43%戊唑醇悬浮剂15 g、75%肟菌·戊唑醇水分散粒剂15 g、30%苯甲·丙环唑乳油15～20 mL或37%井冈·蜡芽菌可湿性粉剂60～80 g对水45 kg喷雾。

5. 水稻胡麻叶斑病

水稻胡麻叶斑病，又称水稻胡麻叶枯病，个别香米品种上易感，分蘖盛期及灌浆期发病重，主要引起苗枯、叶片早衰、千粒重降低，影响产量和品质。

【为害症状】

秧苗期至收获期均可发病，稻株地上部分均可受害，以叶片为多。苗期叶片、叶鞘发病，多为椭圆病斑，如胡麻粒大小，暗褐色，有时病斑扩大连成条形，病斑多时秧苗枯死。成株叶片染病，初为褐色小点，渐扩大为椭圆斑，如芝麻粒大小，病斑中央褐色至灰白色，边缘褐色，周围有深浅不同的黄色晕圈，严重时连成不规则大斑。叶鞘染病，病斑初呈椭圆形，暗褐色，边缘淡褐色，水渍状，后变为中心灰褐色的不规则大斑（图1-10）。

图1-10　水稻胡麻叶斑病为害状

【发病规律】

以分生孢子和菌丝体在病谷、病稻草上越冬。播种后谷粒上的病菌可直接侵害幼苗。稻草上越冬的分生孢子，或由越冬菌丝产生的分生孢子，都可随风扩散，引起秧田的侵染。在当年发病组织上产生的分生孢子可再次侵染，不断扩大危害。薄地、沙质土、酸性土、缺肥、缺水、长期积水、日照不足、根部受伤等都可诱发该病害。高温高湿、有雾露存在时发病重。

【农业防治】

（1）选用无病稻种或进行种子消毒。

（2）深耕灭茬，压低菌源。病稻草要及时处理销毁。

（3）增施腐熟堆肥做基肥，及时追肥，增加磷、钾肥，特别是钾肥的施用可提高植株抗病力。

（4）酸性土注意排水，适当施用石灰。要浅灌勤灌，避免长期水淹造成通气不良。

【化学防治】

药剂防治参见“稻瘟病”，于抽穗期至乳熟期喷雾，保护剑叶、穗颈和谷粒不受侵染。

6. 水稻立枯病

水稻立枯病是水稻苗期主要的病害之一，气温过低、温差过大、土壤偏碱、光照不足、秧苗细弱、用种量过大等因素均易引起此病害发生。

【为害症状】

田间症状主要表现为出苗后秧苗枯萎，容易拔断，茎基部腐烂，有烂梨味，发病较重的整片死亡，病株基部多长有赤色霉状物（图1–11、图1–12）。

图1–11　患水稻立枯病植株基部腐烂，容易拔断

图1–12　水稻立枯病为害状

【农业防治】

（1）精心选种，适期播种，播种密度不要过大，早春等气温稳定后再播种，不要盲目抢早播种。

（2）苗期要做好防寒、保温、通风、练苗等环节的工作，提高幼苗抗病力，防止和减轻水稻立枯病的发生。

【化学防治】

在病害严重时，及时用药防治。每亩选用24%噻呋酰胺悬浮剂15～20 mL、25%嘧菌酯悬浮剂30 mL或250 g/L吡唑醚菌酯乳油30 g对水45 kg喷雾。

7. 水稻白叶枯病

水稻白叶枯病，又称白叶瘟、地火烧，是由细菌引起的病害。水稻发病后，会引起叶片干枯，降低结实率，产量和品质下降，严重的减产25%以上。

【为害症状】

主要为害叶片。发病初期，叶尖或叶缘形成暗绿色短线斑，后变为短条状，沿叶缘两侧或者中脉向下或向上延伸成灰白条斑状，病斑与健康组织交界处有波浪纹（图1–13、图1–14）。

图1–13　水稻白叶枯病为害状

图1–14　叶缘两侧向下或向上延伸成灰白条斑状

【发病规律】

细菌性病害，气温在25～30 ℃最易发病。台风、暴雨或者洪涝有利于病菌的传播和侵入，引起暴发。

【农业防治】

（1）选用抗病品种，不从病区引种，培育无病秧苗。

（2）加强水肥管理，避免深灌、串灌、漫灌，早施追肥，避免偏施氮肥。

【化学防治】

历史发病区域应采取预防为主的策略，若田间发现该病害出现立即用药防治，每亩用20%噻唑锌悬浮剂120 g、20%噻菌铜悬浮剂90 g或50%氯溴异氰尿酸可溶性粉剂40～50 g对水45 kg喷雾防治。

8. 水稻菌核秆腐病

水稻菌核秆腐病在广东早稻、晚稻均有发生，一般晚稻受害重于早稻，主要为害稻株基部，致茎秆腐烂，故称秆腐病，属真菌病害。以菌核在稻桩、稻草中越冬，特别是稻桩内数量最多，菌核随病组织落入土中，翻耕灌水时漂浮水面，插秧后附着于稻株近水面的叶鞘上，在适宜的温、湿度条件下，菌核萌发产生菌丝，直接从叶鞘表面或伤口侵入，在叶鞘组织内蔓延扩展，引发病害。在大田中，此病通常在分蘖期开始发生，孕穗以后病情逐渐加重，抽穗期至乳熟期发展最快，受害也最严重。病重时可致植株倒伏，增加秕谷率，千粒重下降，米质变差。一般减产10%～25%，严重的损失50%以上。

【为害症状】

近水面叶鞘上产生不规则形病斑，表面产生稀疏浅灰色霉层，茎秆受害使基部成段变黑软腐，后变成白色腐朽，剥开茎秆，病秆内有大量黑色菌核，容易造成植株倒伏（图1-15、图1-16）。

图1-15　水稻茎秆内形成的菌核

图1-16　茎秆变成白色腐朽

【发病规律】

病菌生长发育的温度为11～35 ℃，以25～30 ℃最为适宜。日光对病菌有抑制作用，阴雨、高湿天气则有利于病害发生流行。

【农业防治】

（1）消灭越冬菌源。病菌的菌核一般越近稻茎基部数量越多，所以发生严重田块可采取齐泥割稻，冬季结合治螟犁田过冬，可以减少田间越冬菌核。

（2）加强肥水管理。在施肥方面要施足基肥，看苗施好追肥和壮尾肥，既要防止施肥过量，也要防止后期脱肥早衰而诱发此病。

（3）选用高产抗病品种。目前虽未发现免疫和高抗品种，但品种之间抗病性有明显差别，因此，在病区因地制宜地选种高产抗病良种是防治此病的一项有效措施。

【化学防治】

在水稻孕穗期和破口期，每亩选用24%噻呋酰胺悬浮剂15～20 mL、30%苯甲·丙环唑乳油15～20 mL、20%井冈霉素可湿性粉剂45～60 g或250 g/L吡唑醚菌酯乳油24 mL对水45 kg喷雾。

9. 水稻细菌性条斑病

水稻细菌性条斑病，又称细条病，是由细菌引起的水稻病害，发病后传播很快，在广东一般晚稻重于早稻，严重时减产30%～40%。

【为害症状】

主要为害叶片，发病初期，叶片出现条状暗绿色水渍状病斑，后沿叶脉扩展成黄褐色细条状，叶片对光观察病斑处可见透明条状。发病严重时，田间呈一片橙黄色（图1–17、图1–18）。

图1–17　叶片发病初期呈暗绿色条斑状

图1-18 水稻细菌性条斑病为害状

【发病规律】

细菌性病害，高温、高湿易发病，病菌主要从伤口侵入，台风、暴雨后容易流行。

【农业防治】

（1）选用抗病品种，不从病区引种，培育无病秧苗。

（2）加强水肥管理，避免深灌、串灌、漫灌，早施追肥，避免偏施氮肥。

【化学防治】

历史发病区域应采取预防为主的策略，若在田间发现该病害出现立即用药防治，每亩用20%噻唑锌悬浮剂120 g、20%噻菌铜悬浮剂90 g或50%氯溴异氰尿酸可溶性粉剂40～50 g对水45 kg喷雾防治。

10. 水稻细菌性基腐病

【为害症状】

主要为害水稻根节部和茎基部。水稻分蘖期发病常在近土表茎基部叶鞘上产生水浸状椭圆形斑，渐扩展为边缘褐色、中间枯白的不规则形大斑，剥去叶鞘可见根节部变黑褐色，有时可见深褐色纵条，根节腐烂，伴有恶臭，植株心叶青枯变黄。拔节期发病叶片自下而上变黄，近水面叶鞘边缘褐色，中间灰色长条形状斑，根节变色伴有恶臭。穗期发病病株先失水青枯，后形成枯孕穗、白穗或半白穗，根节变色有短而少的侧生根，有恶臭味。该病的独特症状是病株根节部变为褐色或深褐色腐烂，有别于水稻白叶枯病青枯型及螟害枯心苗等（图1–19、图1–20）。

图1–19 水稻细菌性基腐病基部变褐

【农业防治】

（1）选用抗病良种。培育壮苗，推广工厂化育苗，采用湿润育秧。

（2）适当增施磷、钾肥确保壮苗。小苗要直栽浅栽，避免伤口。

（3）提倡水旱轮作，增施有机肥，采用配方施肥技术。

图1-20　水稻细菌性基腐病植株变黄

【化学防治】

发病初期喷药防治，每亩用20%乙蒜素乳油75～100 mL、2%春雷霉素水剂160～180 mL、36%三氯异氰尿酸可湿性粉剂60～80 g、20%噻唑锌悬浮剂100～125 mL或20%噻菌铜悬浮剂90～120 mL对水50～60 kg均匀喷施，间隔5～7天喷施一次，连喷3～4次。

11. 南方水稻黑条矮缩病

南方水稻黑条矮缩病是由白背飞虱传播的病毒病，主要分布在南方稻区，在广东多发生在晚稻，秧苗期感病，移栽后显症。

【为害症状】

感病后，植株矮缩，分蘖增多，僵直，后期不能抽穗结实（图1-21、图1-22）。

【农业防治】

（1）选用抗性品种。

（2）秧田避虫防虫，避免秧苗期与白背飞虱传毒高峰期吻合。在水稻秧苗期，采用40目防虫网或无纺布全程覆盖，阻隔稻飞虱传播病毒病。

【化学防治】

（1）治虫防病。在秧苗期或移栽前喷药防治白背飞虱，防治药剂参考“稻飞虱”。

（2）病害防治。每亩选用5%氨基寡糖素水剂50～100 mL、2%香菇多糖60 mL或5%盐酸吗啉胍可溶粉剂187～375 g配合0.01%芸苔素内酯可溶液剂30 mL对水45 kg喷雾。

图1–21　南方水稻黑条矮缩病病株

图1–22　南方水稻黑条矮缩病田间症状

12. 水稻橙叶病

水稻橙叶病是由电光叶蝉传播的病毒病，在广东多发生在晚稻，秧苗期感染，移栽后显症。具有突发性强、危害隐蔽、损失严重等特点。

【为害症状】

在秧苗期被侵染，移栽后不返青，根系不发达，十多天后健康植株进入分蘖始盛期，但病株叶片逐渐出现黄化，先从病株基部叶片的叶尖开始黄化，继而向下或从叶缘向中脉扩展，终致全叶变橙黄色，且随着病情的发展，病株中上部叶片亦逐渐变黄；植株矮小，新根少，分蘖少，叶片短窄，直竖，病株无恢复现象，为害严重的田块出现一片橙黄色；苗期及分蘖后发病植株易枯死，少数不枯死的植株则表现抽穗迟、穗少扭曲、空粒多、千粒重下降（图1–23、图1–24）。

图1–23　水稻橙叶病导致叶片橙黄色

【农业防治】

（1）在水稻秧苗期，采用40目防虫网或无纺布全程覆盖，阻隔电光叶蝉传播病毒。

（2）加强田间观察，发现橙黄色稻株及时拔除并作集中烧毁或深埋处理。对于发病严重、绝收的田块，及时翻耕改种其他作物。

图1-24　水稻橙叶病田间症状

【化学防治】

打好“送嫁药”，早期控制电光叶蝉。在秧苗移栽前2～3天，结合其他病虫防治，每亩用25%吡蚜酮可湿性粉剂20～24 g或25%噻嗪酮可湿性粉剂50 g对水45 kg喷雾，带药移栽以防治电光叶蝉。在发病初期每亩选用5%氨基寡糖素水剂50～100 mL、2%香菇多糖水剂60 mL或5%盐酸吗啉胍可溶粉剂187～375 g配合0.01%芸苔素内酯可溶液剂30 mL对水45 kg喷雾。

二、水稻虫害

1. 稻飞虱

稻飞虱，属同翅目飞虱科，是水稻上重要的迁飞性害虫之一。广东省以褐飞虱和白背飞虱为主，其繁殖力强，危害大。褐飞虱长翅成虫体长4～5 mm，体黄褐色或黑褐色，短翅型成虫体长3.5～4 mm（图2-1至图2-4）。白背飞虱长翅成虫体长3.2～4.5 mm，雄虫比雌虫短，体黄白色（图2-5）。

图2-1　稻飞虱为害水稻

图2-2　褐飞虱长翅成虫

图2-3　褐飞虱若虫（恩平市植物保护站　尹晓婷摄）

图2-4　白背飞虱卵（恩平市植物保护站　尹晓婷摄）

图2-5　白背飞虱

【为害症状】

成虫、若虫群集于稻丛下部以刺吸式针状口器刺入稻株，吸取汁液。产卵器刺破叶鞘和叶片，除直接为害水稻外，还能传播病毒病，往往造成灾害性的损失。严重时引起水稻干枯（俗称“冒穿”“穿顶”“塌圈”）甚至颗粒无收（图2–6）。

图2–6　褐飞虱危害严重，导致“穿顶”

【发生特点与防控策略】

属迁飞性害虫，暴发具有突发性和区域性，以晚稻褐飞虱危害最重。防治以保护天敌，维护稻田生态系统平衡为出发点，推广种植抗虫品种，合理密植和施肥，实行浅水灌溉，及时晒田，营造不利于稻飞虱生存繁殖的环境，结合准确预测预报，辅以高效低毒的化学药剂防治。

【农业防治】

（1）选用抗虫品种，水稻品种多样性混合间栽，合理布局，实行多资源品种分布。

（2）稻飞虱天敌种类较多，寄生蜂、瓢虫、黑肩绿盲蝽、蜘蛛等能对稻飞虱的发生起到抑制作用。田埂留草或种植显花蜜源植物，为稻飞虱天敌提供栖息的场所，维护田间的生态平衡。

（3）加强栽培和水肥管理，施足基肥，早施追肥，中后期看苗施肥，管理上忌偏施、迟施过量氮肥，注意氮磷钾的配合使用，多施有机肥，水分管理上做到浅水灌溉，适时晒田。

（4）稻田养鸭。

【化学防治】

（1）防治适期：低龄若虫高峰期。

（2）防治指标：圆秆期至孕穗期，百丛稻飞虱1 000头，孕穗后期至抽穗期百丛稻飞虱1 500头。

（3）防治药剂：每亩用25%吡蚜酮可湿性粉剂20～24 g、10%烯啶虫胺水剂30～40 g、45%毒死蜱乳油60～80 mL、10%三氟苯嘧啶悬浮剂10～16 mL、22%氟啶虫胺腈悬浮剂15～23 mL或20%呋虫胺悬浮剂25～30 mL对水45 kg喷雾。

（4）注意事项：药液要足，最好在晴天傍晚施药，遇雨要及时补施。

2. 钻蛀性螟虫

为害水稻的钻蛀性螟虫有大螟、二化螟和三化螟，其中佛山市以大螟和二化螟为主。

二化螟，属鳞翅目螟蛾科，成虫体长13～16.5 mm，体灰黄色（图2-7）。末龄幼虫体长20～30 mm，头部上颚棕色，其余红棕色，全体淡黄褐色，身上有5条纵线（图2-8）。

图2-7　二化螟成虫

图2-8　二化螟末龄幼虫

大螟，属鳞翅目夜蛾科，成虫体长12～15 mm，体黄褐色或浅灰褐色（图2-9）。末龄幼虫体长30 mm，头红褐色至暗褐色（图2-10）。

三化螟，属鳞翅目螟蛾科。成虫体长9～13 mm，翅展23～28 mm，淡黄白色，翅中央有一明显黑点。幼虫初孵时灰黑色，胸腹部交接处有一白色环（图2-11）。老熟时长14～21 mm，头淡黄褐色，身体淡黄绿色或黄白色，从3龄起，背中线清晰可见（图2-12）。卵如图2-13所示。

图2-9　大螟成虫

图2-10　大螟幼虫

图2-11　三化螟成虫

图2-12　三化螟幼虫

图2-13　三化螟卵块

【为害症状】

大螟、二化螟、三化螟为害症状相似，以幼虫钻入稻株的叶鞘和茎秆取食水稻的组织，所以有钻心虫之称。在苗期和分蘖期造成枯鞘和枯心，穗期造成死孕穗、白穗等。二化螟为害株田间呈聚集分布，中心明显，大螟在田埂边为害较重，且虫孔较大，有大量虫粪排出茎外。三化螟茎秆蛀孔小，或蛀入部分发硬不变软，或虫粪较干（图2-14、图2-15）。

【发生特点与防控策略】

坚持“预防为主，综合防治”的植保方针，以保护天敌，维护稻田生态系统平衡为出发点，推广种植抗虫品种，合理密植和施肥，实行浅水灌溉，及时晒田，营造不利于螟虫生存繁殖的环境，结合准确预测预报，辅以高效低毒的化学药剂防治。

图2-14　大螟为害严重时，蛀食谷粒

图2-15　钻蛀性螟虫造成水稻白穗

【农业防治】

（1）提倡稻-菜轮作和浸桩灭蛹压低螟虫越冬基数。在早春螟虫化蛹高峰期，灌深水10 cm以上，淹没稻桩3～5天，淹死越冬害虫。选用抗虫品种，水稻品种多样性混合间栽，合理布局，实行多资源品种分布。

（2）田埂留草或种植显花蜜源植物，为螟虫天敌提供栖息的场所，维护田间的生态平衡；或者种植香根草、苏丹草诱杀螟虫。

（3）加强栽培和水肥管理，施足基肥，早施追肥，中后期看苗施肥，管理上忌偏施、迟施过量氮肥，注意氮磷钾的配合使用，多施有机肥，水分管理上做到浅水灌溉，适时晒田。

【物理防治】

应用频振式杀虫灯或性诱剂诱杀成虫，降低田间成虫基数（图2–16）。

图2–16　灯光诱杀

【化学防治】

（1）防治原则：生产上抓住“狠治第一代”的用药原则，一要喷施“送嫁药”，二要抓住防治关键适期（幼虫孵化高峰期）早用药。

（2）防治药剂：每亩用5%甲氨基阿维菌素苯甲酸盐乳油45～60 g、10%溴氰虫酰胺悬浮剂60 mL、150 g/L茚虫威悬浮剂30 mL、60 g/L乙基多杀菌素悬浮剂30 mL、45%毒死蜱乳油60～80 mL或32 000 IU/mg苏云金杆菌可湿性粉剂75 g对水45 kg喷雾。

（3）注意事项：药液要足，最好在晴天傍晚施药，遇雨要及时补施。

3. 稻纵卷叶螟

稻纵卷叶螟，俗称卷叶虫，鳞翅目螟蛾科，是水稻上远距离迁飞性害虫。雌蛾体长8～9 mm，体、翅黄褐色，前翅前缘及外缘暗褐色，内横线、外横线斜穿翅面，中横线短，后翅有2条横线；雄蛾体稍小，前、后翅斑纹与雌蛾相近（图2-17）。幼虫都为5龄，末龄幼虫体长14～19 mm，头褐色，颜色变深，接近黄褐色。卵长1 mm，近椭圆形，扁平，浅黄色，半透明（图2-18）。

图2-17　稻纵卷叶螟成虫

图2-18　稻纵卷叶螟幼虫

【为害症状】

稻纵卷叶螟以幼虫结苞为害，初孵幼虫先从叶尖沿叶脉来回走动，然后钻入心叶食叶肉，出现针头状白色小点，很少结苞。2龄开始在叶尖或稻叶的上、中部吐丝，结成小苞，也称“卷叶期”，受害处呈透明白条状。3龄后开始转苞为害，虫苞多为单叶纵卷（图2-19）。

图2-19　稻纵卷叶螟造成水稻叶片卷曲发白

【发生特点与防控策略】

稻纵卷叶螟是迁飞性害虫，可以多次远距离迁飞，随气流下沉和雨水拖带降落，具有间歇性突发猖獗的特点和难以琢磨的间歇性种群演化规律。稻纵卷叶螟在广东一年可以发生7代，一般3代、5代、6代发生为害较重。防治以保护其天敌，维护稻田生态系统平衡为出发点，因地制宜坚持农业措施防治，并结合准确的预测预报手段，辅以高效低毒的化学药剂防治。

【农业防治】

（1）选用抗虫品种，水稻品种多样性混合间栽，合理布局，实行多资源品种分布。

（2）田埂留草或种植显花蜜源植物，为其天敌提供栖息的场所，维护田间的生态平衡。

（3）加强栽培和水肥管理，施足基肥，早施追肥，中后期看苗施肥，管理上忌偏施、迟施过量氮肥，注意氮磷钾的配合使用，多施有机肥，水分管理上做到浅水灌溉，适时晒田。

【物理防治】

应用频振式杀虫灯、性诱剂、生物食诱剂诱杀成虫（图2–20至图2–22），降低田间成虫基数。

图2–20　杀虫灯诱杀成虫

图2–21　性诱剂诱杀成虫

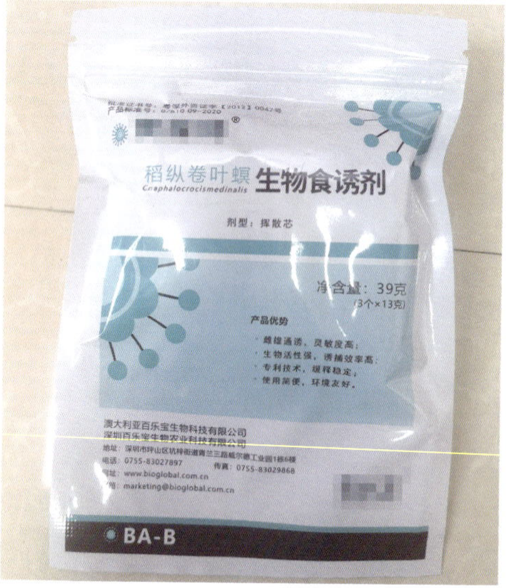

图2–22　稻纵卷叶螟生物食诱剂诱杀成虫

【化学防治】

（1）防治适期：在幼虫1龄盛期或百丛有新束叶苞15个以上时及时用药防治，重点控制穗期害虫，保护水稻功能叶。

（2）防治药剂：每亩用5%甲氨基阿维菌素苯甲酸盐乳油45～60 g、15%茚虫威悬浮剂12 mL、60 g/L乙基多杀菌素悬浮剂30 mL、45%毒死蜱乳油60～80 mL或32 000 IU/mg苏云金杆菌可湿性粉剂75～100 g对水45 kg喷雾。

（3）注意事项：晴天傍晚施药，遇雨要及时补施。

4. 稻秆潜蝇

稻秆潜蝇，属双翅目秆蝇科，近年来，该虫为害呈上升趋势。稻秆潜蝇成虫体长2.2～3 mm，翅展5～6 mm。鲜黄色幼虫蛆型，老熟时体长约6 mm，略呈纺锤形，11节，乳白色或黄白色，口钩浅黑色，尾端分2叉（图2–23）。

图2–23　稻秆潜蝇幼虫

【为害症状】

以幼虫钻入稻茎内为害心叶、生长点或幼穗，心叶抽出后出现小孔或白斑点，被害叶尖变黄褐色，展叶后叶上有若干条细长并列的裂缝；被害幼穗变为畸形或成白穗（图2-24、图2-25）。

图2-24　稻秆潜蝇为害水稻叶片

图2-25　稻秆潜蝇田间为害症状

【农业防治】

（1）培育壮苗带分蘖、带药移栽。

（2）稻田保持浅水灌溉，保持叶片直立，可减少成虫产卵机会，同时造成幼虫因缺水而失去存活的机会，最终减轻危害。

【化学防治】

遵循“狠治第一代、挑治第二代”原则，掌握成虫盛发期或幼虫盛孵期，每亩用45%毒死蜱乳油60～80 mL或48%噻虫胺悬浮剂25～30 mL对水45 kg喷雾防治。

5. 跗线螨

近年来，该虫害在广东发生较重，有上升趋势，一般晚稻重于早稻，严重的可造成20%～80%的损失。水稻跗线螨，虫体微小，乳白色，主要存在水稻叶鞘内，剥开叶鞘，肉眼可见叶鞘内壁表面似有白色粉尘（图2–26），用放大镜或双目解剖镜观察，可看到很多细小的螨虫蠕动和爬行（图2–27）。

图2–26　剥开叶鞘，肉眼可见叶鞘内壁表面似有白色粉尘

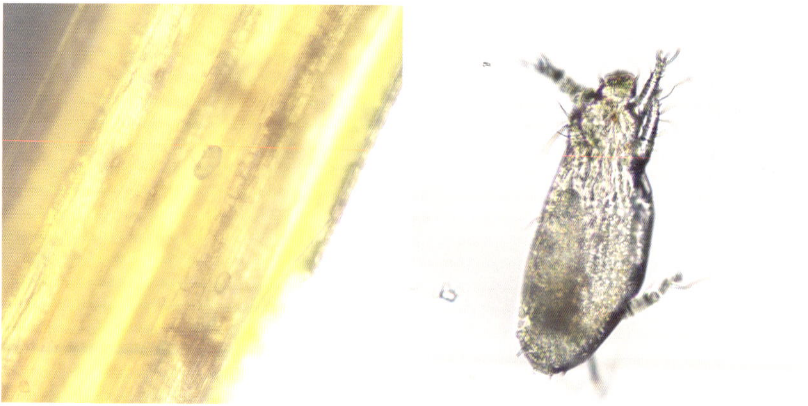

图2-27　显微镜下的跗线螨

【为害症状】

螨虫在水稻叶鞘内为害，造成叶鞘壁破损，叶细胞死亡，叶鞘出现褐色斑点，螨害严重时稻秆变紫褐色。水稻跗线螨为害后对水稻造成的影响主要是引起水稻后期的抽穗不灌浆或谷壳黑褐色，结实率降低（图2-28、图2-29）。

图2-28　跗线螨为害后，导致稻秆变紫褐色

图2-29　跗线螨引起水稻后期或谷壳变黑褐色

【防治方法】

（1）更换新品种，停用原来的旧品种，特别是迟熟晚稻品种或者将晚稻播种时间适当提前。

（2）防治适期在水稻孕穗初期与破口期。目前尚未发现防治效果较好的化学药剂，每亩可用48%毒死蜱乳油100～120 mL、15%哒螨灵乳油40～60 mL、2%阿维菌素乳油120～150 mL对水60 kg连喷2次，灌浆初期如果发生严重再喷一次，施药量要足。

6. 稻粉虱

稻粉虱，成虫体黄色，体长0.6～1 mm，触角7节，第二节膨大，第三节略长。初羽化时翅半透明，无蜡粉（图2-30）。卵椭圆形，长0.18～0.2 mm，表面光滑，插立于叶片中，散产，产卵时叶片常伴有白色蜡粉状鳞片。初产时透明，后变为浅黄色。末龄若虫0.6～0.8 mm，腹部末端中央可见瓶形孔（图2-31）。

图2-30　稻粉虱成虫

图2-31　稻粉虱若虫及卵

【为害症状】

稻粉虱一般在叶背取食产卵，分蘖期到孕穗期均可为害。成虫、若虫刺吸水稻汁液为害，叶面形成浅色黄化纵条带，为害严重时，水稻叶片从上部开始黄化，进而延至中下部，最终导致整片水稻发黄，影响产量（图2-32）。

图2-32　稻粉虱为害，导致水稻叶片发黄

【农业防治】

（1）选用抗虫品种，合理种植布局，加强田间管理。

（2）春季水稻移栽前清除稻田周边杂草，消灭越冬虫源。

（3）合理施肥，注意增施硅肥，不偏施氮肥。

【生物防治】

保护自然天敌，人工释放昆虫病原真菌、捕食性天敌（如小花蝽属、小黑瓢虫属等）、寄生性天敌（如丽蚜小蜂、浅黄恩蚜小蜂等）。

【化学防治】

（1）防治原则：按照“压前控后”的原则，采取治秧田、保大田的策略。

（2）在一二龄若虫高峰期用药防治，每亩用25%噻嗪酮可湿性粉剂50～75 g、20%异丙威乳油60 g、50 g/L双丙环虫酯可分散液剂15 mL、10%氟啶虫酰胺水分散粒剂15 mL或22%氟啶虫胺腈悬浮剂15～20 mL对水45 kg喷雾防治。

（3）稻粉虱对药剂容易产生抗性，化学防治要注意药剂轮换使用。

7. 稻蓟马

图2-33　稻蓟马（恩平市植物保护站　尹晓婷摄）

稻蓟马（图2-33），属缨翅目蓟马科。成虫体长1～1.3 mm，黑褐色，头近似方形，触角7节；翅淡褐色、羽毛状，腹末雌虫锥形，雄虫较圆钝。卵肾形，黄白色。若虫4龄，淡黄色。

成虫、若虫以口器锉破叶面，成微细黄白色斑，叶尖两边向内卷折，分蘖初期受害重的稻田，苗不长、根不发、影响分蘖。穗期成虫、若虫趋向穗苞，扬花时，转入颖壳内，为害子房，影响灌浆结实（图2-34）。

图2-34　稻蓟马为害，造成叶尖卷曲

【农业防治】

（1）田间发现有虫苗，立即拔除，人工摘除叶端硬化部分，使新生叶片恢复生长。

（2）避免水稻早、中、晚混栽，集中播种期和栽秧期，以减少稻蓟马的繁殖桥梁田和辗转为害。合理施肥，在施足基肥的基础上，适期适量追施返青肥，促使秧苗正常生长，减轻为害。

【化学防治】

每亩用10%吡虫啉可湿性粉剂60 g、30%敌百虫乳油60 mL、45%毒死蜱乳油60～80 mL或1.8%阿维菌素乳油60 g对水45 kg喷雾防治。

8. 稻苞虫

稻苞虫，又名苞叶虫等，属鳞翅目弄蝶科，是水稻上一种食叶害虫。成虫体长16～20 mm，翅展36～40 mm。体翅黑褐色，有金黄色光泽。卵半球形，直径约1 mm，表面有六角形刻纹，初产时淡绿色，后变褐色，快孵化时为紫黑色。幼虫老熟时体长30～40 mm，头大，正面有W形黑褐色形纹，虫体略呈纺锤形（图2-35）。

图2-35　稻苞虫幼虫

【为害症状】

幼虫吐丝缀叶成苞，并蚕食叶片，轻则造成缺刻，重则吃光叶片。发生严重时，可将成片稻田的稻叶吃完（图2–36）。

图2–36 稻苞虫为害状

【农业防治】

（1）冬、春季成虫羽化前，结合基肥，铲除田边、沟边、积水塘边的杂草，以消灭越冬虫源。

（2）在幼虫为害初期，摘除虫苞。

【化学防治】

一般防治螟虫、稻纵卷叶螟的农药，对此虫也有效，故常可兼治，具体防治药剂参照“稻纵卷叶螟或水稻钻蛀性螟虫”的防治药剂。

三、其他危害

1. 福寿螺

福寿螺（图3–1），柄眼目瓶螺科软体动物。螺外观与田螺相似，头部具触角2对，前触角短，后触角长，后触角的基部外侧各有一只眼睛。卵圆形，直径2 mm，粉红色，外层有白色粉状物（图3–2）。

图3–1 福寿螺

图3–2 福寿螺卵

【为害症状】

主要为害苗期和返青期水稻，咬断水稻主分蘖。

【农业防治】

（1）稻田养鸭，减少幼螺数量。

（2）人工除卵。田边卵块较多，可人工巡田，及时除掉卵块。

（3）稻田进水口用网拦截福寿螺。

【化学防治】

水稻移栽前，每亩用茶麸7.5 kg浸泡，或水稻移栽后，每亩用6%密达0.5～0.7 kg拌细沙5～10 kg撒施，施药后保持3～4 cm水层3～5天。

2. 稻田鼠害

稻田鼠害是一个在水稻生产中常见且严重的问题，特别是在山区鼠害高风险区域，这一问题尤为突出（图3-3）。广东农区常见害鼠种类有褐家鼠（图3-4）、小家鼠（图3-5）、板齿鼠（图3-6）、黄胸鼠（图3-7）、黄毛鼠（图3-8）等，其中黄毛鼠是优势鼠种，板齿鼠为害最大。除为害水稻外，其还可为害玉米、蔬菜、果树等多种农作物。

【为害症状】

水稻整个生育期均可受到老鼠为害。水稻孕穗期至灌浆成熟期是鼠害的为害高峰，造成整片水稻被啃咬，产量损失严重，还可传播多种鼠传疾病，威胁人类和动物的健康。

图3-3　农田鼠洞

图3-4　褐家鼠（广东省农业科学院植物保护研究所　冯志勇摄）

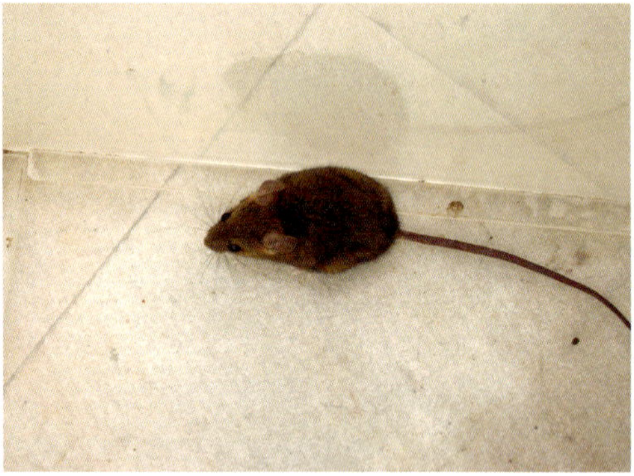

图3-5　小家鼠（广东省农业科学院植物保护研究所　冯志勇摄）

图3-6　板齿鼠（广东省农业科学院植物保护研究所　冯志勇摄）

图3-7　黄胸鼠（广东省农业科学院植物保护研究所　冯志勇摄）

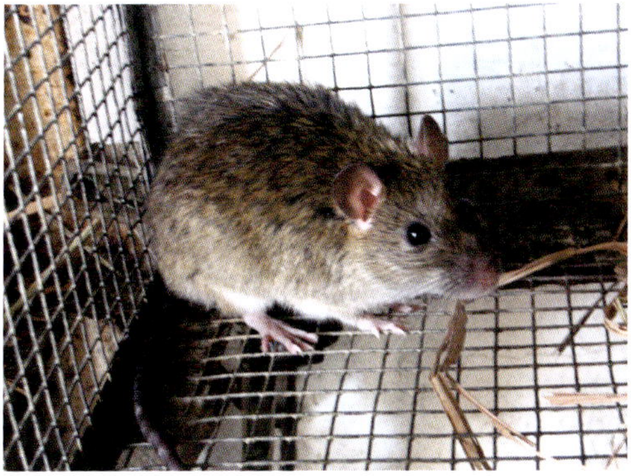

图3-8　黄毛鼠（广东省农业科学院植物保护研究所　冯志勇摄）

【农业防治】

（1）在稻田田埂、老鼠经常活动的地点放置捕鼠夹、捕鼠笼、电子灭鼠器等物理捕鼠设备。或在稻田周边设置防鼠墙，防止老鼠进入稻田。

（2）天敌利用：保护和利用蛇、野猫等老鼠的天敌，此法对控制鼠害有一定作用。

（3）环境管理：修整田埂、沟渠的杂草，破坏老鼠的栖息环境。

（4）监测与预警：定期监测农田中的老鼠数量和活动情况，及时预警并采取措施。

【化学防治】

（1）防治适期：12月底至翌年2月中旬，8月中旬—9月中旬。

（2）防治药剂（选用第二代抗凝血剂）：溴敌隆、大隆（溴鼠灵）、杀它仗（氟鼠灵）、杀鼠迷、鼠得克。

（3）毒饵配制方法。

0.5%溴敌隆：将0.5%溴敌隆水剂母液1 kg对温热水4 kg，充分搅拌后倒入100 kg稻谷中拌匀，待药液吸干后，用塑料薄膜覆盖，闷堆30分钟，然后摊开晾干即可。

7.5%杀鼠迷水剂毒饵配制：按杀鼠迷：稻谷：水为1：200：40的比例，先将药液倒入温水中充分拌匀，再倒入适量的稻谷充分搅拌均匀，闷制24小时，其中翻动2～3次，让稻谷吸干药液后即可使用或晾干备用。

（4）毒饵站法：利用老鼠喜欢钻洞的特性，将毒饵放在专门的管道内（可选择当地取材方便的竹子、PVC管、可乐瓶、水泥或废弃烟管制作），引诱老鼠取食，防潮、防雨、安全性好。每个毒饵站放置毒饵20～30 g，放置3天后根据害鼠取食情况补充毒饵。

3. 其他生理性病害

水稻生理性病害是指由于田间管理不善、环境因素（如气候、土壤条件）等非生物因素引起的水稻病害。这些病害通常不涉及病原微生物的直接感染，而是由于水稻在生长过程中的生理障碍、环境压力所导致（图3-9、图3-10）。

图3-9　土壤有机质少，导致新根少（左）

图3-10　稻田有机质少导致中后期叶片发黄

【农业防治】

（1）科学管水：合理控制田间水分，保持厢面湿润，避免过深或过浅的水层。在低温阴雨天气时，及时排水以防烂秧。

（2）合理施肥：遵循“基肥稳、追肥轻、早施少施分次施”的原则，基肥以有机肥为主，注意氮磷钾的配合施用。偏酸田块在耕整时，可施用熟石灰75～100 kg/亩。冬季种植紫云英、甜菜等绿肥，提高土壤肥力。

（3）改善环境条件：选择土质疏松肥沃、背风向阳、灌排方便的地块作为秧田。整地要精细，厢面要平整、上糊下松，深沟高厢以利于排水。

【化学防治】

在水稻生理性病害发生初期，可喷施适当的化学药剂改善作物的生理情况。每亩增施含氨基酸水溶肥料15 kg、叶面喷施0.01%芸苔素内酯可溶液剂30～45 mL、5%氨基寡糖素水剂50～100 mL或2%香菇多糖水剂60 mL。但需注意药剂的浓度和用量，避免药害发生。

4. 水稻倒伏

【症状】

水稻生长过程中，由于品种特性、田间栽培管理（如种植密度、施肥、晒田等）、气象因素、有害生物为害等影响，会出现成片歪斜，甚至全株匍倒在地现象，有基部倒伏和折秆倒伏，其中基部倒伏是水稻倒伏的主要现象（图3-11）。水稻穗大粒重、茎秆细软、种植过密、氮肥过多、晒田不及时及稻飞虱、水稻纹枯病发生重等加上遇到暴雨和台风天气后容易倒伏，倒伏后，水稻光合作用减弱，稻粒易发生霉变和发芽，造成水稻减产甚至失收，严重影响水稻品质和产量。

图3-11　水稻倒伏田间症状

【农业防治】

（1）选用茎秆粗壮、株形较矮的优质高产抗倒伏水稻品种。

（2）合理密植，增加田间通风透光性。

（3）采用水稻“三控”栽培方法，推迟第一次追肥时间。控制氮肥施用量，追肥时补充钾肥，提高植株抗倒伏能力。

（4）及时晒田，水稻在总茎蘖数达到预期穗数苗的80%时，开始控水晒田，降低无效分蘖，提高有效分蘖质量，促进根系下扎，防止倒伏。

（5）水稻中后期参考“稻飞虱和水稻纹枯病”的防治方法，加强防治水稻病虫，减少倒伏。

（6）遇不良天气，如台风、暴雨来临时，要及时开沟排水。

5. 涝害

水稻涝害多发生在沿江、河两岸和低洼地的稻田。在龙舟水、台风等降水量大且集中的时段易发生。水稻遭受涝害后，容易造成植株被埋、刮伤、折断倒伏等，可直接造成伤害，同时有利于水稻白叶枯病、水稻细菌性条斑病的流行，其中以淹水侵害影响最大，危害最重。

【症状】

苗期受害：秧苗瘦弱细长，脚叶黄绿色，退水后有倒靡现象，但一般都能恢复生长，插秧5天内受害，较难恢复生长（图3-12）。

分蘖期受害：心叶受淹2～3天，退水后能逐渐恢复生长，心叶淹水4～5天，若生长点未死亡，退水后仍能发生新叶和分蘖，若生长点坏死，则不能恢复生长。淹水时间越长，恢复越慢。

拔节期受害：淹水2～3天，抑制花芽分化，一般会导致抽穗延迟，严重的田块不能抽穗。淹水时间越长、淹水深度越深，水稻节间越长。但在水退后，植株伸长节间缩短，甚至穗颈节也缩短，在严重受涝情况下，造成茎秆细弱，出现植株弯曲、折断及倒伏后重新翘竖、绕折等现象。同时伸长节上发生不定根，表现出发根异常现象。

孕穗期受害：影响幼穗分化，形成畸形穗、颖花退化等现象。淹水2天以上，形成的高节位分蘖，部分能抽穗，但结实率低，穗粒数减少，成熟延迟（图3-13）。

抽穗期受害：短时间淹水，退水后稻穗颖花尚能开花，部分可结实；淹水3天以上，花粉、花药被破坏，虽能开花但不能受粉，不久穗子即干枯死亡。

图3-12 水稻苗期受害

图3-13　水稻孕穗期受害，导致高位分蘖，抽穗延迟

【农业防治】

（1）汛期做好防汛措施，及时加固和加高围堤，根据天气预报，在台风雨和暴风雨来临前提前排水，降低田间水位。

（2）选用耐涝性强的品种，选用根系发达、茎秆强韧、株形紧凑的品种，涝后恢复生长快，再生能力强。早熟、中熟、迟熟品种合理搭配，防止品种单一化而招致全面损失。

（3）加强栽培管理。水稻受涝后，要及时开沟清渠，排除田间积水，促进水稻根系生长。高温烈日期间不能将水一次排干，必须保留适当的水层，使水稻逐渐恢复生机，阴雨天，可将水一次排干，有利于稻苗恢复生长。

【化学防治】

水稻受涝后，及时喷洒杀菌剂，防治水稻白叶枯病、水稻细菌性条斑病等病害。连续降雨有利于稻纵卷叶螟的迁入和发生为害，要密切监测水稻虫害的发生，必要时立即用药防治。

6. 水稻药害

水稻药害是指在水稻生长过程中，由于农药使用不当或过量等原因，导致水稻植株受到损害的现象。水稻药害的症状多样，主要包括急性药害和慢性药害两大类（图3–14至图3–16）。

图3–14　除草剂药害，导致叶片发黄

图3–15　杀虫剂药害，导致叶片出现斑点

图3–16　草铵膦药害，造成植株黄化

【症状】

（1）急性药害：一般在施药后2天内出现症状，如斑点、灼伤、枯萎、畸形等。

斑点：常见的有褐斑、黄斑等，这些斑点可能不规则地分布在叶片上。

灼伤：叶片或植株的某些部分出现明显的烧伤痕迹。

枯萎：整株水稻可能因药害而枯萎死亡，这通常由除草剂引起。

畸形：水稻的茎叶部和根部可能出现卷叶、丛生、肿根、畸形穗等现象。

（2）慢性药害：发展缓慢，症状不明显，但长期影响水稻的生长和产量。

生长缓慢：水稻受药害后，正常生长受到抑制，表现为生长速度减慢。

分蘖减少：药害可能导致水稻分蘖数量减少，影响植株的繁茂程度。

延迟结实：水稻的结实期可能因药害而推迟，导致稻谷产量下降。

【发生原因】

（1）农药混用不当：不同农药混用时，如果比例不当或未遵循正确的混用规则，可能导致药液浓度过高，从而产生药害。

（2）超范围使用农药：将适用于其他作物的农药用于水稻，或未按照农药的使用说明进行喷洒，都可能引发药害。

（3）误用农药：由于识别错误或操作失误，将错误的农药用于水稻，如将除草剂当作杀虫剂使用。

（4）污染药害：农药残留或污染的水源、土壤等环境因素，可能对水稻造成间接的药害。

（5）操作不当：如在田间灌水过深时使用除草剂，可能对水稻造成药害。

【农业防治】

（1）发现误喷药剂后，立即喷施清水，降低药液浓度，并进行田间换水。

（2）保持田间浅水，增施肥料，以快速补充水稻所需的营养，恢复生长。

【化学防治】

每亩用0.01%芸苔素内酯可溶液剂30～45 mL、5%氨基寡糖素50～100 mL或2%香菇多糖60 mL对水45 kg喷雾缓解药害。

四、稻田草害

1. 稗草

稗草属禾本科稗属植物，是水稻田主要杂草之一，也是水稻田危害最严重的恶性杂草之一（图4-1、图4-2）。秆丛生，株高50～130 cm，秆光滑无毛，无叶舌，无叶耳。圆锥花序，近尖塔形，长6～20 cm；主轴具棱，粗糙或具疣基长刺毛；分枝斜上举或贴向主轴，有时再分小枝。具有极强的生命力，一般比水稻成熟期早，种子具有多种传播途径，成熟后逐次自然脱落，随流水或风力传播，或通过作物种子调运传播。

图4-1　稗草

图4-2　稗草为害

2. 千金子

图4-3　千金子

千金子是禾本科千金子属植物，水稻田恶性杂草之一（图4-3、图4-4）。秆丛生，直立，平滑无毛，基部膝曲或倾斜。着土后，节上易生不定根，小穗常带紫色。叶鞘无毛，大多短于节间；叶舌膜质，长1～2 mm，常撕裂具小纤毛；叶片扁平或多少卷折，先端渐尖，两面微粗糙或下面平滑，长5～25 cm，宽

2～6 mm，无叶耳。种子繁殖，一年生草本，种子随熟随落，借水流、风力传播，或混杂于收获物中扩散，种子经越冬休眠后萌发。

图4-4　千金子为害

如图4-5所示，水稻、千金子、稗草的区别。

水稻　　千金子　　稗草

图4-5　水稻、千金子、稗草的区别

注：水稻有叶舌和叶耳，千金子有叶舌、无叶耳，稗草无叶舌和叶耳。

3. 莎草

水稻田莎草以异型莎草、碎米莎草、日照飘拂草为主。

异型莎草，是广东省稻田主要恶性杂草之一（图4-6）。一年生草本，根为须根。秆丛生，稍粗或细弱，高2～65 cm，扁三棱形，平滑。叶短于秆，叶鞘稍长，褐色。头状花序球形，具极多数小穗，小穗密聚。种子4～7天可发芽，生长适宜温度30～35 ℃，水深超3 cm不适宜萌发。常年4月下旬出苗，可延续到8月，7月上旬可见高峰，全生育期160天左右。当异型莎草发生达到8株/m^2时，可使水稻产量显著减少，产量损失率为11.13%。

图4-6 异型莎草

碎米莎草（图4-7、图4-8），秆丛生，直立，高20～85 cm，三棱状。叶基生，呈三角形排列。比秆短或近等长，叶鞘紫红色，常裂成纤维状，苞叶3～5片。长侧枝，伞状花序，具4～9条长短不等的辐射枝，每枝有3～10个穗状花序，5～21个小穗；小穗长圆形，扁平，具5～22花。小坚果三棱状，倒卵形，黑褐色，约与鳞片等长。

日照飘拂草（图4-9、图4-10），秆丛生，高10～60 cm。扁四棱形，有纵槽，基部包着1～3个无叶片的鞘。叶长于或短于秆，侧扁，剑状，先端刚毛状；鞘侧扁，背面呈龙骨状，边缘膜质，锈色，鞘口斜裂，无叶舌；苞片2～4枚，刚毛状，基部较宽。聚伞花序复出或多枝复出；辐射枝3～6个；小穗单生于辐射枝顶端，球形。

图4-7 碎米莎草

图4-8　碎米莎草为害

图4-9　日照飘拂草

图4-10　日照飘拂草为害

4. 空心莲子草

空心莲子草，别名水花生，是苋科莲子草属多年生草本植物（图4–11）。其茎基部匍匐，上部斜升，中空，有分枝；叶对生，叶片为长圆形，前端急尖或圆钝，基部渐狭，上面有贴生毛，边缘有睫毛。头状花序单生于茎上部的叶腋，球形，花被片长圆形，白色，基部带粉红色，有光泽。花期5—7月，果期8—10月。

图4–11　空心莲子草

空心莲子草原产巴西，引种我国后，逸为野生，现已成为危害较大的入侵植物；中国秦岭南北坡普遍分布。喜温热气候，耐寒性强，适应性强，水、陆均能生长。繁殖方式以无性繁殖为主。

5. 鸭舌草

鸭舌草是雨久花科雨久花属植物（图4-12），水生草本；根状茎极短，具柔软须根。茎直立或斜上，全株光滑无毛。叶基生和茎生；叶片形状和大小变化较大，由心状宽卵形、长卵形至披针形。总状花序从叶柄中部抽出，该处叶柄扩大成鞘状；花序梗短，长1～1.5 cm，基部有一苞片，披针形。蒴果卵形至长圆形，长约1 cm。种子多数，椭圆形，长约1 mm，灰褐色，具8～12纵条纹。种子小、休眠期较长，一般在移栽后7～10天开始萌发，生长发育

图4-12　鸭舌草

的最适宜温度为20～25 ℃。鸭舌草生长量较大，耐阴，水稻封行后能继续生长，发生数量多会影响水稻生长（图4-13）。

图4-13　鸭舌草为害

五、水稻草害防治技术

农田杂草与农作物强烈地争夺营养、水分、光照和生存空间，同时又是许多农作物病虫害的中间寄主，对农作物的产量和品质有很大影响。除草剂是近代农业科学的重大成就之一，化学除草改变了靠人工、畜力和机械除草的状况，其以省工、快速、高效在保障农业稳产及推进我国城镇化建设中起到了巨大作用。

除草剂的杀除对象是与作物很接近的植物——杂草，因此，除草剂的使用技术比其他类农药更复杂，施药要求更加严格。只有选择了合适的药剂、采用正确的施药方法、在有利的环境条件下，除草剂才能最大限度地发挥除草作用和保证对作物的安全，也才能实现杂草治理的可持续性。由于不同种类的除草剂各有其特定的杀草范围即防除对象，所以，准确地识别农田杂草种类是有效防除杂草的前提。

（一）移栽田草害防治

1. 防治措施

为有效控制水稻移栽田大田杂草的危害，应重点掌握三个关键措施。一是正确选择除草剂，要根据不同栽培方式和秧龄，因地制宜选择安全高效的除草剂。二是把握施药时间，移栽立根后根据技术要求及时用药。三是注意用药后的水分管理，保证药效的充分发挥。

2. 防治药剂

Ⅰ．丁草胺

【应用技术】

水稻移栽后3～5天，每亩用60%丁草胺乳油100～120 g拌药土

20 kg或者尿素7.5 kg撒施。施药时保持3～5 cm水层，施药后保水3～5天，之后恢复正常水分及田间管理。

【防治对象】

稗草、千金子、陌上菜、莎草等，对鸭舌草、鳢肠、节节菜等有较好抑制作用，对野慈姑等多年生杂草无防效。

Ⅱ. 苄嘧磺隆

【应用技术】

水稻移栽后5～7天，每亩用10%苄嘧磺隆可湿性粉剂20～30 g拌药土20 kg撒施或者对水30 L茎叶喷雾施药。施药时保持3～5 cm水层7～10天。

【防治对象】

水稻田阔叶杂草，如鸭舌草、眼子菜、节节菜、陌上菜、野慈姑等，对牛毛毡、异型莎草、水莎草、碎米莎草等莎草科杂草也有控制作用。

Ⅲ. 丙草胺

【应用技术】

水稻移栽后3～5天，每亩用30%丙草胺乳油110～150 g拌药土20 kg撒施或者对水30 kg喷雾。施药时田间应有3 cm左右水层，施药后保水3～5天。

【防治对象】

水稻田稗草、千金子、鸭舌草、泽泻、异型莎草等。

Ⅳ. 乙草胺

【应用技术】

水稻移栽缓苗后（早稻移栽后6～8天，晚稻移栽后5～6天），杂草萌芽期，每亩用20%乙草胺可湿性粉剂30～37.5 g拌药土20 kg撒施。施药时田间保持3～5 cm左右水层，施药后保水5～7天。不能排水和串水，水深不能淹没水稻心叶。

V．苯噻酰草胺

【应用技术】

水稻移栽后4～6天，每亩使用50%苯噻酰草胺可湿性粉剂50～60 g混土20 kg撒施。施药时应有3～5 cm浅水层，施药后保水5～7天，水层不淹过水稻心叶。

【防治对象】

稻田稗、鸭舌草、陌上菜、牛繁缕、泽泻、牛毛毡、异型莎草、碎米莎草等。

（二）直播稻田草害防治

水稻直播具有省工、省力、节约成本、高效益等优点，对于实现水稻生产的轻型化、专业化和规模化具有十分重要的意义。但直

图5-1　直播稻田间情况

播稻田的草害较重，会造成稻田的减产或者绝收现象。因此，稻农必须掌握直播稻田杂草发生的特点，然后根据其发生特点，积极采用农业防除技术和化学防除技术进行综合治理，从而达到防除的效果，确保稻田的产量和质量。

1. 直播稻杂草发生特点

播后5～7天出现第一个出草高峰，一般占总出草量的60%左右。播后7～20天是第二个出草高峰，一般能占到总出草量的25%左右。

2. 直播稻除草技术

封：无封闭不直播。全力控制第一个出草高峰出现。浸泡露白后播种，可以加快水稻出苗，拉大出苗除草的时间差。常用的土壤封闭剂为丙草胺、苄嘧磺隆、丁草胺、恶草酮、异丙甲草胺、乙氧氟草醚、二甲戊灵单剂或者复配剂。

杀：是指水稻三叶期，杂草二叶期至三叶期前后，采用茎叶喷雾的方式，防除前期残存的大龄杂草，同时可以有效控制第二个出草高峰。施药时需排干田间水层，使田内杂草充分暴露或至少暴露2/3，施药后2～3天上水，并保水5～7天。常用的苗后茎叶除草剂主要有五氟磺草胺、恶唑酰草胺、双草脒、氰氟草酯、二氯喹啉酸、嘧啶肟草醚、乙氧磺隆、灭草松等单剂或者复配。一般选择复配，禾阔双除是直播田除草最重要的形式。

补：针对恶抗性杂草和第二个出草高峰的杂草，应根据“一封，二杀”后除草效果，于播后30～35天有针对性地选择相关除草剂进行挑治补杀，草龄过大应适当增加用药量。

3. 注意事项

（1）整地一定要平整，这个是杂草控制好坏的前提。

（2）把握好安全性。胚根会吸收安全剂，所以充分催芽的种子，播种当天就能施除草剂，否则要等2～3天，有根之后才能喷药。

（3）不可错过窗口期。封闭除草剂只对未出土的杂草有效，对已出土的杂草无效或者低效。错过了窗口期将增加后期的防治成本。

（4）保持土壤湿润，不要有积水。下雨后及时排水，不要淹过心叶。

4. 防治药剂

Ⅰ．丙草胺

【应用技术】

直播田除草要选用含有安全剂的产品。播种后2～4天，每亩用30%丙草胺乳油100～120 g对水30L喷雾。施药土壤水分应处于饱和状态，土表能见水膜，施药后24小时，保持潜水层3天。

【防治对象】

水稻田稗草、千金子、鸭舌草、泽泻、异型莎草等。

Ⅱ．吡嘧磺隆

【应用技术】

适用于阔叶杂草及莎草占优势、稗草少的田块。水稻播种后5～20天，每亩用10%吡嘧磺隆可湿性粉剂10～20 g混土20 kg或者对水30 L茎叶喷雾。药土法施药时田间须有浅水层，不能超过心叶，保水3～5天。

【防治对象】

水稻田阔叶杂草，如鸭舌草、眼子菜、节节菜、陌上菜、野慈姑、鳢肠等，对异型莎草、水莎草、碎米莎草等莎草科杂草也有控制效果。

Ⅲ. 苄嘧磺隆

【应用技术】

适用于阔叶杂草及莎草科占优势、稗草少的田块。水稻播种后至杂草二叶期，每亩用10%苄嘧磺隆可湿性粉剂15～20 g拌药土20 kg撒施或者对水30 L茎叶喷雾施药。

【防治对象】

水稻田阔叶杂草，如鸭舌草、眼子菜、节节菜、陌上菜、野慈姑等，对牛毛毡、异型莎草、水莎草、碎米莎草等莎草科杂草也有控制作用。

Ⅳ. 氰氟草酯

【应用技术】

稗草二叶期至四叶期，每亩用100 g/L氰氟草酯乳油50～70 g对水30 L茎叶喷雾。施药前排干水分，使杂草茎叶2/3以上露出水面，施药后1～2天灌水，保持3～5 cm水层5～7天。大龄稗草或田面干燥应适当增加施药量。如需防除阔叶杂草及莎草科杂草，应再喷施氰氟草酯7天后再施用防阔叶杂草除草剂。

【防治对象】

水稻田稗、千金子等禾本科杂草，对莎草科杂草和阔叶杂草无效。

Ⅴ. 噁唑酰草胺

【应用技术】

稗、千金子等禾本科杂草二叶期至三叶期，每亩用10%噁唑酰草胺乳油60～80 g对水30 L茎叶喷雾。施药前排干水，均匀喷雾，施药后1天复水，深度以不淹没稻心为宜，保持水层3～5天。大龄稗草或田面干燥应适当增加施药量。随着杂草叶龄增加，适当增加施用量。注意不能与吡嘧磺隆、苄嘧磺隆混用。

【防治对象】

水稻田稗、千金子等禾本科杂草。

Ⅵ．五氟磺草胺

【应用技术】

稗草二叶期至三叶期，每亩用25 g/L五氟磺草胺可分散油悬浮剂40～80 g对水30 L茎叶喷雾。施药前排干水分，使杂草茎叶2/3以上露出水面，施药后1～2天灌水，保持3～5 cm水层5～7天。高温会降低药效，施药时应注意避开高温时段，特别是中午时分。

【防治对象】

水稻田稗草、鸭舌草、陌上菜、鳢肠、泽泻、眼子菜、异型莎草等。

Ⅶ．双草醚

【应用技术】

在水稻五叶期后，稗草三叶期至四叶期，每亩100 g/L双草醚悬浮剂15～20 g，对水30 L茎叶喷雾。喷药后1～2天灌潜水层，保水4～5天。

【防治对象】

稗草及双穗雀稗、马唐、稻李氏禾等禾本科杂草。兼治某些阔叶杂草及莎草科杂草，如眼子菜、鸭舌草、野慈姑、节节菜、陌上菜、空心莲子草、异型莎草、碎米莎草等。

Ⅷ．灭草松

【应用技术】

以杂草基本出齐、处于三叶期至四叶期时施药，每亩480 g/L灭草松水剂，对水20～40 L茎叶喷雾。施药前需排水，使杂草全部露出水面，这样有利于灭草松的药液直接接触到杂草叶片，提高除草效果，施药后24～48小时可回水入田，保持田间一定的水层，一般保水1周左右，以促进杂草死亡。不能与马拉硫磷等有机磷类杀虫剂混合使用，即使先后使用，也应该间隔2天以上。

【防治对象】

鸭舌草、节节菜、荸荠等阔叶杂草及莎草科杂草。

六、水稻病虫害全程绿色防控技术

（一）技术模式

选用抗（耐）病品种+翻耕灌水灭蛹+播种前药剂浸种+带药移栽+健身栽培、测土配方施肥技术+水源控螺+杀虫灯、性诱杀成虫+分蘖期稻鸭共育治虫治草+喷施生物农药或高效低毒化学农药防治病虫害。

（二）关键技术路线

1. 农业防治

选用抗性较好的水稻品种。播种前选用咪鲜胺、戊唑醇等药剂进行浸种等种子消毒工作，有效控制水稻恶苗病、水稻胡麻叶斑病的发生和为害；适时犁耙浸沤田，清除稻田菌核，减少病虫源，培育无病虫壮秧，合理密植；应用测土配方施肥和健身栽培技术，适施氮肥、少施磷肥、增施钾肥，科学管肥控水，及时露晒田，减少无效分蘖；晚造收割后种植紫云英绿肥。

2. 物理防治

利用灯光诱杀技术和性信息素诱杀技术防治水稻螟虫，利用水源控螺技术防治福寿螺。

（1）灯光诱杀，每10亩安装1盏频振式杀虫灯，在水稻分蘖初期至收割前，每天（雨天除外）傍晚开灯、早晨关灯，诱杀稻纵卷叶螟、二化螟和大螟等害虫（图6–1）。

图6–1　灯光诱杀

（2）性信息素诱杀，于成虫盛发初期，在稻田挂稻纵卷叶螟、二化螟、大螟的专用诱捕器，随稻株的生长及时调整高度，苗期保持诱捕器高于地面50 cm，后期保持诱捕器高度接近叶冠层，隔90天更换诱芯一次（图6–2）。

图6–2　性信息素诱杀

（3）水源控螺，在灌溉进水口处使用细格的滤网过滤害螺及其卵块，定期更换滤网。

3. 生物防治

（1）移栽前做好大田灭螺工作。每亩稻田用茶麸7.5 kg于傍晚撒施。田埂留草或种植大豆、芝麻、胜红蓟等显花蜜源植物，为天敌创造良好的繁殖环境，发挥天敌的自然控害作用（图6–3、图6–4）。

图6–3　田埂种植显花蜜源植物

图6-4　田埂种植大豆

（2）生物农药防治技术。根据病虫测报适当选用苏云金杆菌防治水稻螟虫和稻纵卷叶螟，枯草芽孢杆菌防治稻瘟病，井冈霉素防治水稻纹枯病。

（3）稻鸭共育治虫防病控草技术。在水稻立苗返青后，每亩稻田放养15日龄鸭子8～10只，抽穗前收鸭，通过鸭子的取食和活动，减轻水稻纹枯病、稻飞虱和杂草等发生危害（图6-5）。

图6-5 稻田养鸭

4. 化学防治

在水稻重大病虫达到防治指标或必须预防时，选用高效、低毒的化学药剂，做到对症下药、适时适量用药、交替用药、混合用药，延缓病虫抗药性。选用吡蚜酮、呋虫胺、烯啶虫胺、三氟苯嘧啶防治稻飞虱，甲维盐、茚虫威、乙基多杀菌素、苏云金杆菌等防治水稻螟虫，春雷霉素、稻瘟灵、吡唑醚菌酯防治水稻稻瘟病等，防治农区害鼠选用敌鼠钠盐、溴鼠灵、溴敌隆等抗凝血杀鼠剂，采用投袋法、毒饵站法投饵。化学药剂严格按照农药安全使用规范，采用先进植保器械进行施药防治，确保水稻生产安全。为提高水稻病虫害防控效果，降低防治成本，确保稻田生态安全和施药人员作业安全，在大面积水稻种植区建议开展专业化统防统治。

参 考 文 献

黄新动，赵云柱，韦加贵，2017. 农业绿色防控技术与有害生物综合防控综述［M］. 银川：宁夏人民出版社.

李会群，查剑敏，赵瑞祥，2003. 水稻菌核秆腐病的发生与防治［J］. 河南农业（2）：19.

麦福，2021. 关于水稻跗线螨发生与防治技术研究［J］. 农村科学实验（2）：125-126.

孙胜伟，赵广山，宋丽敏，2009. 水稻白叶枯病的发生与综合防治技术［J］. 中国科技财富（8）：203.

田志慧，沈国辉，2021. 图说稻田杂草与绿色防控［M］. 上海：上海科学技术出版社.

肖全梅，2020. 直播稻田杂草发生规律及化学防除措施浅析［J］. 南方农业，14（2）：9-10.

《植保员手册》编绘组绘，2013. 植保员手册［M］. 上海：上海科学技术出版社.